LES
LAMAS DU YUN-NAN

PAR

M. J. BEAUVAIS

(Extrait du Bulletin de géographie historique et descriptive, N° 1. — 1904)

PARIS

IMPRIMERIE NATIONALE

MDCCCCIV

LES
LAMAS DU YUN-NAN

PAR

M. J. BEAUVAIS

(Extrait du *Bulletin de géographie historique et descriptive*, N° 1. — 1904)

PARIS

IMPRIMERIE NATIONALE

—

MDCCCCIV

LAMAS DU YUN-NAN.

Le T'ïng [1] de Oueï-si [2], situé sur les confins Nord-Ouest de la province du Yun-nan [3], dans la région où se développent parallèlement et à peu de distance les uns des autres, dans une direction approximativement Nord-Sud, les trois grands fleuves de cette partie du continent asiatique, Salouen [4], Mékong [5] et Fleuve Bleu [6], est voisin du territoire thibétain. Il forme, avec la majeure partie de la préfecture yunnanaise de Li-kiang-fou [7], dont il dépend au point de vue administratif, ce que l'on est convenu de désigner sous le nom de Thibet yunnanais.

En l'année 1769, ce t'ïng de Oueï-si était administré par un T'ong-p'an [8], nommé Yu K'ing-tch'ang [9]; son frère, Yu K'ing-yuan [10], l'avait suivi dans ce pays dont la direction lui était confiée, et il s'intéressa vivement à cette région où se mêlaient à cette époque, comme à l'heure actuelle, les races indigènes les plus diverses. Il occupa son séjour à parcourir le territoire entier de la circonscription, notant au jour le jour ses impressions, s'entrete-

[1] 廳 Ting. Division territoriale intermédiaire entre la préfecture de premier rang, Fou 府, et la préfecture de deuxième rang, Tcheou 州. On peut la désigner par «Préfecture de 1ᵉʳ rang, 2ᵉ classe».

[2] 維西 Oueï-si. Lat. N., 27° 30'; long. E., mérid. de Greenw., 100° 5'. (G. M. H. PLAYFAIR, *The Cities and Towns of China.* Hong-kong, 1879.)

[3] 雲南 Yun-nan.

[4] La Salouen est désignée en chinois par plusieurs appellations, dont la plus connue, et qui s'applique précisément à la partie de son cours visée ici, est Lou-kiang 潞江.

[5] En chinois, Lan-ts'ang-kiang 瀾滄江.

[6] En chinois, et dans cette partie de son cours, Kin-cha-kiang 金沙江.

[7] 麗江府 Li-kiang-fou. Lat. N., 26° 52'; long. E., mérid. de Greenw., 100° 27'. (Cf. PLAYFAIR, *Cities and Towns of China.*)

[8] 通判 T'ong-p'an. Vice-assistant de préfet de 1ᵉʳ rang, Fou 府 (6ᵉ degré, 1ʳᵉ classe du mandarinat).

[9] 余慶長 Yu K'ing-tch'ang.

[10] 余慶遠 Yu K'ing-yuan.

nant avec les différents chefs de clans, et les anciens du pays, se
faisant raconter ce que ces gens savaient d'eux-mêmes, de leurs
légendes, de leur histoire, se renseignant sur leurs coutumes et
détaillant leurs costumes. Et, de ce qu'il vit et entendit dire ainsi,
il rédigea un petit ouvrage auquel il donna le nom de *Recueil des
choses vues et entendues à Oueï-si* [1].

Cet ouvrage est devenu d'une rareté extrême. Il a été, jusqu'ici,
de toute impossibilité d'en retrouver un seul exemplaire complet
dans les bibliothèques de Yunnansen [2], d'ailleurs peu nombreuses,
et jalousement fermées à toute investigation étrangère. Seuls,
quelques fragments en ont été conservés dans la *Grande monographie générale de la province du Yun nan* [3], et presque uniquement

[1] 維西聞見錄 Oueï-si Ouen-kien-lou. Voici la notice que donne, au
sujet de cet ouvrage, la *Grande monographie générale de la province du Yun-nan*
(édition de 1835, Kiuen 卷, 192, 2° chap. du 1ᵉʳ livre de la *Monographie litté-
raire*, Yi-ouen-tchen 藝文志 ; *Bibliographie des livres relatifs au Yun-nan*, Ki-
tsaï Tien-cheu Tchen-chou 紀載滇事之書, partie II, fol. 21 r° et v°).

«Cet ouvrage forme un Kiuen 卷. Il a été composé par Yu K'ing-yuan. K'ing-
yuan était le frère cadet de K'ing-tch'ang. Il avait le grade de Kong-cheng 貢
生 «Bachelier présenté». En l'année Ki-tch'eou 己丑, de la période K'ien-long
乾隆 = 1769, K'ing-tch'ang remplissait les fonctions de T'ong-p'an de Oueï-si.
K'ing-yuan habitait avec lui dans son Yamen ; ce qu'il vit par lui-même et entendit
dire de la sorte, il le classa en quatre chapitres : 1° K'i-heou 氣候, Conditions
climatériques ; 2° Tao-lou 道路, Routes ; 3° Jen-vou 人物, Hommes et
choses ; 4° K'i-vou 器物, Instruments et ustensiles ; qu'il réunit en un livre
et fit graver.»

Cette notice est reproduite exactement dans les mêmes termes, dans l'édition
de 1895 de la *Grande monographie* (Kiuen 209, fol. 21 v°) et dans celle de 1900
(Kiuen 168, fol. 7 r°).

[2] Prononciation locale de Yun-nan-cheng 雲南省, pour Yun-nan-fou 雲
南府. C'est ainsi que, dans le langage courant, on désigne ici la capitale de la
province.

[3] *Esquisse d'une monographie générale de la province du Yun-nan*, Yun-nan
T'ong-tcheu Kao 雲南通志稿 (édition de 1835). *Monographie générale de
la province du Yun-nan*, entièrement refondue et mise à jour. Siu-siéou Yun-
nan T'ong-tcheu 續修雲南通志 (édition de 1895). Les quatre notices de
Yu K'ing-yuan sur les Lamas de Oueï-si occupent, dans la première de ces
compilations, les folios 13 à 19 du Kiuen 187 (*Monographie des Man méridionaux*,
Nanman Tchen 南蠻志, chap. VI du 3° livre, 6° partie, *Les races*,
Tchong-jen 種人), et dans la deuxième, les folios 13 à 19 du Kiuen 204 (même
Monographie, mêmes chapitre et livre). L'édition de 1900, *Essai d'une suite
à la Monographie générale de la province du Yun-nan*, Siu Yun-nan T'ong tcheu
Kao 續雲南通志稿, est muette sur ce point.

dans la partie de cette monographie consacrée à la description des races indigènes diverses qui couvraient autrefois et couvrent encore ce fond de la péninsule indochinoise.

Ces quelques fragments font regretter vivement de ne point posséder l'œuvre complète. Ils dénotent, de la part de l'auteur, un esprit d'analyse et d'observation, ainsi qu'un souci de l'exactitude, qui font en général défaut chez la plupart des écrivains chinois. Certains morceaux consacrés à la description des races Mosso [1], Lissou [2], Kou-tsong [3], pour ne citer que celles-là, sont dignes d'un véritable ethnographe.

En quatre notices assez courtes, Yu K'ing-yuan a traité dans son ouvrage des Lamas [4] thibétains fixés sur le sol de Oueï-si.

Ce n'est point à tort, en effet, que l'on a désigné, comme il a été dit plus haut, cette partie nord-ouest de la province du Yunnan, sous le nom de Thibet yunnanais. Elle est géographiquement le prolongement oriental du Thibet. De plus, les races indigènes qui y subsistent encore sont nettement d'origine thibétaine, celle des Mosso, entre autres, qui formait aux premiers siècles de notre ère, dans la préfecture de Li-kiang-fou, dont dépend le T'ing de Oueï-si, un royaume indépendant, le Yué-hi-tchao [5] ou Yué-hi Mosso-tchao [6], fondu au viiie siècle dans le grand royaume Thaï du · Nan-tchao [7].

[1] 麼些 Mosso.

[2] 力些 Lissou.

[3] 古宗 Kou-tsong.

[4] 喇嘛 Lama.

[5] 越析詔 Yué-hi-tchao.

[6] 越析麼些詔 Yué-hi Mo-sso Tchao. «Ce Tchao, ou royaume, fut fondé par Po-tch'ong 波衝. Il portait également les désignations de Houa-ma-kouo 花馬國 «Royaume des chevaux-pies» et de Mosso Tchao 麼些詔 «Royaume Mosso». Son fondateur avait fixé sa résidence à Hi-tcheou 嶲州, l'actuelle préfecture de premier rang de Li-kiang-fou. Par la suite, le fils de son frère aîné étendit les limites du royaume, passa la rivière Lou 瀘 (le Ya-long-kiang 鴉礲江, ou le Kin-cha-kiang 金沙江) et établit sa capitale sur les bords de la rivière Long k'iu-ho 龍佉河 (*Histoire populaire du royaume de Nan-tchao*, Nan-tchao }- -heu 南詔野史, édition yunnanaise de 1880, fol. 1 v°).

[7] 南詔 Nan-tchao. «Les Man 蠻 et les Yi 夷 employaient le mot Tchao 詔 pour désigner leurs rois. Dans l'antiquité, il y avait au pays de Tien 滇 (le Yun-nan), six Tchao ou Rois, chefs chacun d'un royaume indépendant. Le plus puissant des six était celui de Mong-cho-tchao 蒙舍詔. Il avait été fondé

De cette origine commune, il est résulté, jusqu'à nos jours, facilité encore par la proximité des frontières, un échange de communications constant entre cette partie du Yun-nan et le royaume Lama qui s'étend au Nord de l'Himalaya.

Des lamaseries nombreuses se sont fondées dans Oueï-si, ainsi, d'ailleurs, que dans le reste de la préfecture de Li-kiang-fou. Appuyé sur ces riches et prospères établissements, le bouddhisme thibétain est devenu, depuis de longs siècles, la religion favorite, sinon exclusive, des différentes tribus indigènes. Elles pratiquent, à l'égard des chefs de ces lamaseries, un respect extraordinaire et s'enorgueillissent souvent de grossir de leurs enfants leur personnel religieux.

«Lorsqu'un supérieur de lamaserie vient à passer par son village, le chef mosso du lieu, dit Yu K'ing-yuan, conduit ses administrés, jeunes et vieux, des deux sexes, se prosterner devant lui et lui offrir des cadeaux. Ces offrandes sont proportionnées aux ressources de chacun. Il est des pauvres gens qui dépouillent, dans de pareilles circonstances, l'autel de famille des objets de ce culte familial : il en est qui vont même jusqu'à apporter leur marmite. Si c'est un grand Lama thibétain [1] lui-même qui vient à passer, les marques de respect s'exagèrent, les cadeaux deviennent encore plus considérables. Obtient-on de lui un simple caractère tracé sur une feuille de papier, on en estime la valeur à plusieurs dizaines d'onces d'argent. Les gens pauvres qui parviennent à se rendre possesseurs de ses déjections les déposent avec un respect infini dans l'intérieur de la niche qui, dans leur maison, abrite le Bouddha familial, et avec force prosternements et génuflexions, ils allument par devant des baguettes d'encens. Quelquefois, aussi, ils se mettent en embuscade sur le bord du chemin, attendant son passage, et ils saisissent alors la queue de son cheval pour s'en frotter les yeux, persuadés que cet acte a le pouvoir de les rendre indemnes de toute

par Mong Si-nou-lo 蒙細奴邏, qui avait établi sa résidence à Mong-cho-tch'oan 蒙舍川, et se trouvait compris entre les territoires actuels de Yong-tch'ang 永昌 et de Yao-tcheou 姪州, sur le présent T'ing de Mong-houa 蒙化廳. L'arrière-petit-fils de Nou-lo 奴邏, Pi-lo-ko 皮羅閣 (728-748 ap. J.-C.), réduisit sous son sceptre les cinq autres Tchao, et fit du tout le royaume unique de Nan-tchao.» (Cf. *Nan-tchao Yé-cheu*, fol. 1 r°.)

[1] 西藏大喇嘛 Si-tsang Ta-la-ma.

maladie. Les chefs qui possèdent deux ou trois enfants mâles en destinent toujours un à devenir Lama, et toutes les fois que celui-ci revient sous le toit paternel, assis les jambes repliées sous lui, dans la grande salle de réception, il reçoit les hommages de son père et de sa mère, qui viennent se prosterner devant lui. »

Chez les Kou-tsong, qui sont bien voisins des Mosso, ces coutumes se retrouvent presque identiques.

« Batailleurs et querelleurs, dit Yu K'ing-yuan, toujours dans son même ouvrage, il s'élève continuellement entre eux des rixes sanglantes qui se calment par la seule intervention des Lamas. Ils les vénèrent et croient au Bouddha. Ce sont eux qu'ils consultent pour se faire prédire la date de leur mort, et ce sont encore eux qui récitent auprès du cadavre des défunts les prières bouddhiques. Leur principal bonheur est de pouvoir conserver dans leurs lamaseries des recueils de sûtras bouddhiques, composés pour la plupart de plusieurs centaines de liasses, venant du Thibet et transcrits en caractères kou-tsong. Ces sûtras, dont chaque volume est relié en soie, sont enfermés dans des enveloppes de soie de couleurs variées, et déposés dans des boîtes laquées, couvertes d'ornements d'or. »

De nos jours et tout récemment encore, des pèlerinages de Lamas thibétains partent de Lhassa pour venir au Yun-nan, dans les grandes pagodes de Ki-tsou-chan [1], en face de Ta-li-fou [2], ainsi que dans celles de Li-kiang-fou, faire aux Bouddhas leurs dévotions, Tch'ao-fò [3], comme le disent les Chinois.

Dans le cours de ces pèlerinages, ils s'arrêtent à chaque fois, plusieurs jours durant, dans les lamaseries échelonnées sur leur route. L'afflux des populations indigènes qui s'empressent alors autour de

---

[1] 鷄 [雞] 足 山 Ki-tsou-chan. Sur la rive orientale du lac et en face de Ta-li-fou.

[2] 大 理 府 Ta-li-fou. Lat. N., 25° 44′; long. E., mérid. de Greenw., 100° 22′. (Cf. Playfair, *Cities and Towns of China.*)

[3] 西 藏 喇 嘛 係 往 麗 江 北 梗 大 理 鷄 足 山 朝 佛 路 過 阿 墩 子 地 方 德 欽 寺 留 住 數 日, Si-tsang La-ma, Hi-ouang Likiang Peï-keng, Ta-li Ki-tsou-chan, Tch'ao-fò, Lou-kouo A-toen-tseu ti-fang, Tékin-sseu, Liéou-tchou chou-jeu. « Les Lamas thibétains sont allés faire leurs dévotions à Bouddha, à Peï-keng dans Li-kiang, et à Ki-tsou-chan, dans Ta-li. Ils sont passés par Ateutseu et se sont reposés plusieurs jours dans le monastère de Téghrin. » (Extrait d'une *Correspondance officielle du Taot'aï de Tali au Vice-roi du Yunnan et du Koueï-tcheou.* 1903.)

ces saints personnages, l'ascendant que ceux-ci possèdent sur ces populations primitives, font de ces pèlerinages qu'elles ne peuvent empêcher une source de grosses inquiétudes pour les autorités chinoises.

Il peut donc paraître intéressant de donner traduction des quatre notices consacrées dans son ouvrage, par Yu K'ing - yuan, aux Lamas de Oueï-si.

LAMAS JAUNES [1].

Les Lamas jaunes sont des bonzes bouddhistes [2] thibétains [3]. Chez les Thibétains, en effet, on appelle Lamas, les bonzes bouddhistes. Les Lamas se divisent en jaunes et en rouges [4]. Les deux sortes existent toutes les deux dans Oueï-si. Les rouges y sont fort nombreux. Les jaunes se réduisent à une seule secte, celle des Ta-laï Lamas [5]. Elle est entièrement composée de Kou-tsong, qui sont entrés en religion. Les monastères de Cheou-kouo-sseu [6] et de Yang-pa-kïng-sseu [7] à A-touen-tseu [8], et (celui de) Tong-tchou-lin [9] à Peun-tseu-lan [10], renferment un millier de religieux qui appartiennent tous à cette sorte. Bien que ne recherchant pas les plaisirs des sens, ils sont avides de richesses. Ils évitent de tuer des animaux et cependant ils consomment de la viande. Ils adorent le Bouddha et récitent à cet effet des prières qui, traduites en langue chinoise, se trouvent être absolument identiques à celles que l'on récite dans l'intérieur de la Chine. Ils ne possèdent cependant pas

(1) 黃教喇嘛 Houang-kiao La-ma.

(2) 僧 Seng.

(3) 番 Fan. Signifiait primitivement une ancienne tribu de race turque. De même que 土番 T'ou-fan, 吐蕃 T'ou-fan, ou 吐魯番 T'ou-lou-fan, qui s'appliquaient aux tribus turques de l'Ouest de la Chine, les Tourfan. Ici, il s'agit manifestement des Thibétains.

(4) 紅教喇嘛 Hong-kiao La-ma.

(5) 達賴喇嘛 Ta-laï La-ma, Đalaï Lama.

(6) 壽國寺 Chéou-kouo-sseu.

(7) 楊八景寺 Yang-pa King-sseu.

(8) 阿墩子 A-touen-tseu, Aten-tze.

(9) 東竹林 Tong-tchou-lin.

(10) 奔子闌 Peun-tseu-lan.

le Leng-yen-kïng [1]. Le pays d'origine du Bouddha, c'est l'Inde [2], limitrophe de la Birmanie [3] et du Thibet [4]. La tradition rapporte que Boddhidharma [5] enseigna sa doctrine dans ces pays, et que la religion de Bouddha y devint florissante. De ce jour, jusqu'à l'époque actuelle, il s'est écoulé environ seize cents années. Les Lamas jaunes se sont formés les derniers de tous. Ils portent de longues robes à larges manches. Au fort de l'hiver, ainsi que par les temps de rosée, ils se mettent aux jambes des bottes kou-tsong. Ils ne portent pas de pantalons. Leurs vêtements et leurs

Lamas jaunes.

[1] 楞嚴經 Leng-yen-king. Nom d'un sûtra célèbre, traduit en chinois en 1312 et regardé d'une façon unanime, par les lettrés de ce pays, comme un chef-d'œuvre (GILES, *Chinese-English Dictionary*, à l'art. 楞 Leng).

[2] 天竺 T'ien-tchou.

[3] 緬甸 Mien-tien.

[4] 土番 T'ou-fan (voir note 3, p. 87).

[5] 達摩 Ta-mouo. Contraction pour 菩提達摩, P'ou-t'i Ta-mouo.

bonnets sont jaunes et c'est pour cette raison qu'on les appelle les Lamas jaunes. Au début, les Lamas rouges opprimaient par la violence les Lamas jaunes. Le Ta-laï Lama à la cinquième génération [1], ayant connu d'avance que notre grande dynastie, Ta-ts'ïng [2], devait forcément arriver au pouvoir sur la terre du milieu [3], il prit, à l'époque de l'empereur T'aï-tsong-ouen [4], le chemin de la Mongolie [5] et vint apporter le tribut à Cheng-king [6]. Il en remporta un brevet lui conférant l'appellation d'« Hôte » [7]. Depuis ce jour, jusqu'à l'époque actuelle, tous les Lamas jaunes de Oueï-si se sont faits les disciples du Ta-laï Lama.

LAMAS ROUGES.

La tradition porte à treize le nombre des sortes de Lamas rouges. Une, seulement, existe dans Oueï-si, celle des Koma [8]. Les chefs des Koma [9] sont au nombre de cinq. On les appelle les « Cinq trésors » [10]. Ils renaissent en territoire thibétain par suite de transmigrations successives de leurs âmes et cela se produit pour chacun d'eux depuis plus de dix générations, sans aucune extinction. On les appelle les « Bouddhas vivants » [11]. Il existe, dans Oueï-si, cinq monastères comprenant huit cents Lamas rouges. Tous suivent la règle des « Lamas Ko-ma », des Quatre trésors [12]. Ils se revêtent de

Boddhidharma. Le dernier des patriarches occidentaux et le premier des patriarches orientaux du Bouddhisme. Il vint en Chine vers 520 ap. J.-C.; on le représente sous les traits d'un homme noir, avec des cheveux courts et bouclés. (Cf. Giles, *Dictionary*, à l'art. Ta 達.)

[1] 第五世達賴喇嘛 Ti-ou-cheu Ta-laï La-ma.
[2] 大清 Ta-ts'ïng. La dynastie Tartare-Mantchoue actuelle.
[3] 中土 Tchong-t'ou.
[4] 太宗文皇帝 T'aï-tsong Ouen-hoang-ti. Il régna de 1627 à 1644, sous les deux Nien-hao 年號, de T'ien-tsong 天聰 et de Tch'ong-to 崇德.
[5] 蒙古 Mong-kou.
[6] 盛京 Cheng-king. La capitale des princes Mantchous.
[7] 封號延 Fong-hao Yen.
[8] 格馬 Ko-ma.
[9] 格馬長 Ko-ma-tch'ang.
[10] 五寶 Ou-pao.
[11] 活佛 Houo-fo.
[12] 格馬四寶喇嘛 Ko-ma Sseu-pao La-ma.

grossières étoffes de laine et d'étoffes de poils d'animaux appelées
Ki [1]. Ils se couvrent de la Kachâya [2], qu'ils ne quittent pas de
toute l'année. Ils ne portent pas non plus de pantalons.
En été, ils se coiffent d'un large chapeau de bambou à
sommet aplati, et marchent nu-pieds. En hiver, ils se
coiffent d'un bonnet de feutre rouge, à sommet aplati, fait
de poils de singes, lequel est entouré, des quatre côtés,
par quatre pétales dressés de fleurs de nénuphar. Beaucoup d'entre eux portent également des bas et des chaus-
sures de cuir rouge. Vêtements et coiffures, chez eux tout
est rouge. C'est pourquoi on les désigne par l'appellation
de Lamas rouges. Ils mangent de la viande et sont âpres

紅教喇嘛

Lamas rouges.

au gain, tout comme les Lamas jaunes. Leurs recueils de prières sont
également les mêmes. Cependant, les règles qu'ils observent, pour

[1] 罽 Ki.
[2] 袈裟 Kia-cha. Vêtement ordinaire des bonzes bouddhistes.

les tenir de leurs patriarches, sont différentes. Les Kou-tsong sont
nombreux parmi les adeptes des Lamas jaunes. Les adeptes des
Lamas rouges sont uniquement des Mosso. Entre eux, les causes
de vendetta sont de jour en jour plus nombreuses. Les Lamas
jaunes opprimaient beaucoup les Lamas rouges. Le Ta-laï Lama
mit fin à cette oppression. Ne serait-ce pas dans cet antique état
de choses qu'il faudrait chercher la raison pour laquelle, à
l'époque des Ming [1], les Lamas rouges opprimaient, à leur tour,
les Lamas jaunes ?

LAMAS MOULÉKOU [2].

Les Lamas Moulékou forment l'une des treize sortes des Lamas
rouges. Parmi les Lamas qui se vouent à la contemplation, ceux
qui parviennent à l'état de perfection finale passent, après leur
mort, dans le fœtus d'un enfant, pour renaître à nouveau, et aucun
d'eux n'oublie ses existences antérieures. Les Yi-jen [3] les désignent
tous par l'appellation de « Bouddhas vivants ». Le chef des Lamas
moulékou du Thibet [4] étant venu à mourir, ses disciples pronosti-
quèrent qu'il était descendu, pour renaître, dans une famille de
Oueï-si. Durant la 8ᵉ année de la période K'ien-long [5] = 1743,
tous les Lamas prenant alors avec eux ses anciens ustensiles, partirent
pour aller à sa recherche. Le jour de leur arrivée dans le pays de
la famille où ce chef devait revivre, l'enfant d'un chef mosso,
nommé Ta ki [6], lequel entrait dans sa septième année, indiquant
du doigt un poussin à sa mère, dit à cette dernière : « Lorsque le
poussin arrive à être robuste, est-ce qu'il continue encore à user

---

[1] 明 Ming. Dynastie chinoise qui occupa le trône de Chine de 1368 à
1644.

[2] 謨勒孤喇嘛 Mou-lé-kou La-ma.

[3] 夷人 Yi-jen. Nom générique donné par les auteurs yunnanais aux indigènes de la province.

[4] 西藏 Si-tsang.

[5] 乾隆 K'ien-long. Années du règne de l'empereur Kao-tsong-chouen Hoang-
ti 高宗純皇帝, dont le nom personnel était Hong-li 弘歷, et qui régna
de 1736 à 1796.

[6] 達機 Ta-ki.

des secours de sa mère ?». — La mère lui répondit : «Lorsque le poussin commence à être robuste, il quitte sa mère». — Ta-ki dit alors : «Est-ce que l'enfant agit comme le poussin ?». Un instant après, il dit à son père et à sa mère : «Des gens du Thibet viennent d'arriver ici, venant chercher un jeune «Bouddha vivant». Ce sont des Lamas qui sont au nombre de plusieurs dizaines et qui sont eux-mêmes tous des Bouddhas. Pourquoi ne pas leur donner l'hospitalité ? Ce serait attirer sur nous un bonheur d'un prix inestimable.» Le père et la mère le croyant en état de délire ne l'écoutèrent pas. Mais Ta-ki ayant répété ses paroles avec plus de force, son père sortit pour voir, et, sans attendre longtemps, plusieurs dizaines de Lamas entrèrent tous. Ta-ki, en les voyant, s'accroupit sur le sol, les jambes

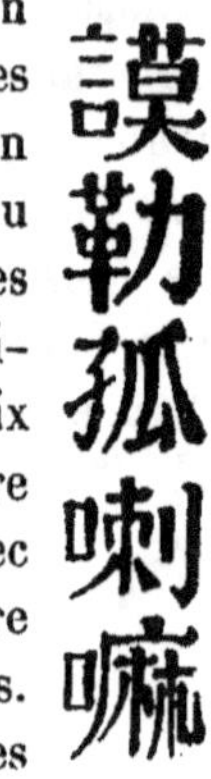

Lamas Moulékou.

croisées à la manière tartare, et prononça en langue Kou-tsong ces mots : «Il y a bien longtemps». Tous les Lamas lui offrirent l'écuelle [1], le chapelet bouddhique [2] et un livre de prières manuscrit [3], tous objets qui servaient à l'usage personnel du défunt, en les mêlant à d'autres objets identiques. Ta-ki les examina avec soin et il en fit le départ. Il reprit tous ses anciens ustensiles, se passa le chapelet, prit son écuelle en mains, ouvrit le livre de prières et se mit à rire aux éclats. Tous les Lamas ôtèrent leur calotte, se prosternèrent avec ensemble et se mirent à pleurer. Ta-ki, lâchant son écuelle, prit son livre de prières et, se levant, il leur caressa à tous, de la main, le sommet et le tour de la tête. A ce moment, un des Lamas prit une robe et un bonnet de bonze bouddhiste et les offrit à Ta-ki, qui s'en revêtit de lui-même. Un certain nombre d'autres Lamas empilèrent, sur plusieurs dizaines d'épaisseur, au milieu de la salle, des coussins de soie à fleurs qu'ils portaient avec eux et, prenant Ta-ki sous les bras, ils le firent asseoir dessus. Le chef (mosso) ne savait ce que tout cela signifiait. Les Lamas lui offrirent alors cent onces d'or et cinq cents pièces de soie à fleurs de toutes les couleurs. Chacun d'eux lui offrit, en outre, en guise de présents pour sa fête, plusieurs dizaines de pièces du tissu appelé Ki [4], et ils dirent : « Voilà le « Bouddha vivant », maître de notre monastère. Nous venons de nous rendre au-devant de lui, pour le ramener au Thibet ». Le chef, qui n'avait que ce seul fils unique, protesta. Mais Ta-ki lui dit : « N'ayez point de chagrin. L'an prochain, tel mois, tel jour, à vous, mon père et ma mère, il naîtra un fils qui prendra soin de la salle des ancêtres. Quant à moi, je suis celui en lequel le Bouddha a transmigré et je ne puis rester ici. » Le chef et sa femme n'ayant plus de raisons pour s'opposer à son départ, y acquiescèrent, et, les mains jointes, ils le saluèrent. Tous les Lamas conduisirent alors Ta-ki au monastère bouddhique de Ta-mouo-t'ong [5]. De près comme de loin, les Mosso, ayant appris la chose, s'assemblèrent par groupes de cent et de mille, et, portant des baguettes d'encens, vinrent pour le saluer. On fit des largesses incal-

---

[1] 鉢 Pouo. Écuelle ronde, de fer ou d'argile, munie d'un couvercle, dont se servent les bonzes. Le nom complet est 鉢多羅 Pouo-to-lo, en sanscrit, Pātra.

[2] 數珠 Chou-tchou. Le chapelet ou rosaire bouddhiste.

[3] 手書心經 Cheou-chou Sin-king. Son livre de chevet.

[4] 罽 Ki. Sorte de feutre qui venait du pays de Si-hou 西胡.

[5] 達摩洞 Ta-mouo-t'ong.

culables. Et, trois jours s'étant ainsi écoulés, Ta-ki partit pour le Thibet. L'année suivante, à la date exacte assignée par lui, il naquit au chef (mosso) un enfant mâle.

LE LAMA CHAN-TCHEU-CHEU [1].

Le Lama Chan-tcheu-cheu est un Sthavira [2] des Lamas Koma des « Quatre trésors » [3]. On ignore la date de la mort de ses précédentes incarnations. En l'année Ki-mao [4], de la période K'ien-long = 1759, il naquit au village de Léou-ts'ouen [5], dans la famille de l'interprète [6] mosso Ouang Yong-chan [7]. Antérieurement (à sa naissance), la femme de Ouang Yong-chan avait rêvé que l'éclat du soleil illuminait sa poitrine, en même temps qu'elle était pénétrée d'une tiédeur telle qu'elle ne put parvenir à s'éveiller. Par la suite elle mit au monde Chan-tcheu-cheu. Son extérieur était remarquablement beau et il ne ressemblait en rien à un mosso. Dès qu'il put s'asseoir, il se plaisait à s'installer par terre, les jambes croisées à la tartare. Dès qu'il put parler, il dit à sa mère : « L'ancien pays de votre fils est froid, mais il produit des abricots, des raisins et des tapis de feutre rouge [8]. Je ne puis vous en offrir pour vous marquer la reconnaissance que je dois à ma mère, mais dans quelques années je pourrai faire votre bonheur. » La mère ne comprit rien à ce discours. En l'année Ting-haï [9], de la période Kien-long, = 1767, les « Quatre trésors » [10] donnèrent ordre à un certain nombre de Lamas de prendre avec eux de l'or et de l'argent, des chevaux et des mulets et des objets précieux pour une valeur de 700 onces d'or, et d'aller se présenter dans la famille

[1] 善知識 Chan-tcheu-cheu.

[2] 高弟子 Kao-ti-tseu (ou 大弟子 Ta-ti-tseu). Les « doyens » bouddhistes, en sanscrit Sthaviras. (Cf. GILES, *Chinese Dictionary*, à l'art. Ti 弟.)

[3] 格馬四寶喇嘛 Ko-ma Sseu-pao La-ma.

[4] 己卯 Ki-mao.

[5] 六村 Léou-ts'ouen.

[6] 通事 T'ong-cheu.

[7] 王永善 Ouang Yong-chan.

[8] 氆氇 Pang-lo. Sortes de tapis thibétains en feutre rouge.

[9] 丁亥 Ting-haï.

[10] 四寶 Sseu-pao. Probablement les grands chefs des Ko-ma Sseu-pao Lamas 格馬四寶喇嘛.

de Ouang Yong-chan. Dès que Chan-tcheu-cheu vit arriver ceux qui venaient au-devant de lui, il manifesta une grande joie. Il parvint à dénicher les anciens ustensiles dont il se servait (au cours de ses existences antérieures), tout mélangés qu'ils étaient à des objets absolument identiques. Les Mosso du village de Léouts'ouen ayant appris la chose, arrivèrent tous et, ôtant leurs bonnets, le saluèrent. Chan-tcheu-cheu, assis à la tartare, les jambes croisées, frotta de sa main le sommet de la tête de ceux qui le saluaient. En un mot, il fit tout en conformité absolue avec les règles. Ouang Yong-chan l'accompagna pour son entrée au Thibet [1]; à chaque étape, sur des routes où il n'était encore jamais allé, Chan-tcheu-cheu pouvait toujours dépeindre à l'avance les aspects

Chan-tcheu-cheu.

des montagnes et des rivières. Ce nom de Chan-tcheu-cheu n'est point son nom personnel, cette appellation signifie, traduite en langue chinoise, le degré de ses qualités personnelles : «Celui qui sait et qui discerne de façon parfaite.»

(1) 藏 Tsang.